BEI GRIN MACHT SICH IHR WISSEN BEZAHLT

- Wir veröffentlichen Ihre Hausarbeit, Bachelor- und Masterarbeit

- Ihr eigenes eBook und Buch - weltweit in allen wichtigen Shops

- Verdienen Sie an jedem Verkauf

Jetzt bei www.GRIN.com hochladen und kostenlos publizieren

Bibliografische Information der Deutschen Nationalbibliothek:

Die Deutsche Bibliothek verzeichnet diese Publikation in der Deutschen National-
bibliografie; detaillierte bibliografische Daten sind im Internet über http://dnb.d-
nb.de/ abrufbar.

Impressum:

Copyright © 2018 GRIN Verlag
Druck und Bindung: Books on Demand GmbH, Norderstedt Germany
ISBN: 9783668702134

Michel Felgenhauer

Adaptiv Transformations

"I'll have what D'Arcy's having"

GRIN Verlag

Für Julia und Moritz mit lieben Dank für das persönliche Exemplar
D'Arcy Wentworth Thompsons
und als Andenken an einen glücklichen Winter

About ADAPTIV TRANSFORMATIONS

The article deals with methods of determining homomorphic transformations by means of local search of parameters on subjective quality functions. The transformation allows mapping of given motifs from orthogonal Cartesian coordinate systems into curvilinear coordinate systems. The transformation rule is described by a binominational approach function whose coefficients are initially unknown. On the basis of a simplifying representative structure, the subjective quality function, characteristics of the transformation with an evolution strategy are determined iteratively. Due to the local causality of the method, the coordinate transformation on homomorphic target contours is homomorphic, and the displacement and distortion performance of classical, affine mappings (translation, rotation, and scaling) are inherent in the method. The transformation rule obtained in this way can now perform operations on complex motifs. The idea of transformation is inspired by the work of D'Arcy Wentworth Thompson.

Berlin, Germany in Winter 2017 / 2018

ADAPTIV TRANSFORMATIONS
„I'll have what D'Arcy's having"
Michael Felgenhauer, Berlin im Mai 2018

Der Aufsatz handelt von Methoden der Determinierung homomorpher Transformationen mittels lokaler Suche der Parameter auf subjektiven Qualitätsfunktionen. Dieserart Transformation erlaubt die Abbildung gegebener Motive aus orthogonalen kartesischen Koordinatensystemen in krummlinige Koordinatensysteme. Die Transformationsvorschrift wird über eine polynominale Ansatzfunktion beschrieben, deren Koeffizienten zunächst unbekannt sind. Auf Basis einer vereinfachenden Stellvertreterstruktur, der subjektiven Qualitätsfunktion, werden Charakteristiken der Transformation mit einer Evolutionsstrategie, iterativ ermittelt. Aufgrund der lokalen Kausalität des Verfahrens ist die Koordinatentransformation auf subjektive Zielkonturen homomorph und die Verschiebe- und Verzerrungsleistungen klassischer, affinen Abbildungen (Translation, Rotation und Skalierung) sind der Methode inhärent. Die dieserart gewonnene Transformationsvorschrift kann nun Operationen auf komplexen Motiven ausführen. Die Idee der Transformation ist inspiriert von den Arbeiten des D'Arcy Wentworth Thompson[1].
70 Jahre, 100 Jahre. Je mehr Zeit verging, je größer die Anzahl potentieller Sammlungskandidaten wurde, je ausgefeiltere Zielkonstruktio-

---

[1] **D'Arcy Wentworth Thompson** (* 2. Mai 1860 in Edinburgh; † 21. Juni 1948 in St Andrews) war ein britischer Mathematiker und Biologe. Thompson wird häufig der „erste Biomathematiker" genannt. Sein Ruhm gründet sich auf das Buch „On Growth and Form", dessen erste Auflage 1917 erschien (deutsch „Über Wachstum und Form").

nen und damit auch irgendwann einmal mögliche Produkte am Horizont erschienen, umso mehr und mehr erhärtete sich der Verdacht einer langsam aufkeimenden Betriebsblindheit in Tat und Wort. Greifen wir im Gestaltungsalltag, sollte es so etwas überhaupt geben, nicht laufend und ständig auf prominente Vergangenheit zu, wahren und bewahren Geschichte, Kunst und Wissen. Ist es nicht auch unsere Aufgabe das vielfältige, kulturelle Erbe in den Archiven, Sammlungen, Museen und Bibliotheken zu erschließen, ins öffentliche Bewusstsein zu bringen und präsent zu halten. Ist nicht das ganze Wissenschaftsgebäude ein einziges großes Museum? Alleine mein Bücherregal ein einziges Labor, das sich der Vergangenheit bedient. Mit dem Anspruch gelegentlich auch so etwas wie Zukunftstechnik hervorzubringen. Das Museum also ist hier. War immer hier. Direkt hinter mir. Die plötzliche Idee und Vorstellung in meinem eigenen Museum zu sitzen, war so schrecklich folgerichtig und real, wie sie letztendlich banal und ordinär ist. Dennoch brauchte ich einen längeren Moment, um diese kleine Wahrheit zu verdauen. Jetzt, in der Gegenwart dieser Zeilen fühlt sich der Schreck sogar wohlig an. Das Museum ist hier. Na gut, es wäre viel präsenter, wenn es nicht diese elenden Schlupf gäbe, das jedes Bücherregal auf dieser Welt aufweist. Ähnlich wie Socken aus der Waschmaschine neigen Bücher aus Regalen zu verschwinden, sich in eine Art Staub aufzulösen, in irgendwelches Gewöll, das man viel zu selten vom Regal wischt oder saugt; letzteres auch nur selten, weil ich natürlich um die vielen eingelegten Kleinigkeiten fürchte, die guten Büchern, zerlesen, beackert bekritzelt und gefranst, anhaften oder einliegen. Nicht jeder hört das gerne, aber zumindest meine Bücher mag bestimmt kein anderer mehr haben später und erben schon gar nicht. So werden sie zu langdienenden persönlichen Freunden, die dann mit mir zusammen gehen und bis dahin zu mit zusätzlichen, zeitgeistigen Informationen beladenen Ratgebern. Aber manche verschwinden vor ihrer Zeit, vor meiner Zeit. Meistens ist dieses Verschwinden der Bücher eine schmerzliche Entdeckung und ein brutales Plötzlich, das sich erst nach umständlichen Suchen hinter den ersten Buchreihen - wer hat schon den Luxus einreihiger Bücherregale - in Resignation verwandelt um dann zu solidieren. Einer dieser schmerzlichen Verluste ist das Buch „Über Wachstum und Form" aus dem Jahre 1982, im englischen Original „ON GROWTH AND FORM by D'Arcy Wentworth Thompson[2], in einer ersten Auflage von 1917.

„Über Wachstum und Form" erwarb ich aus der Ramsch- und Krabbelkiste eines kleinen Buchladens gegenüber PANDASOFT in der Uhlandstraße, nahe der TU Berlin als Mängelexemplar. PANDASOFT. Damals, Mitte der 80er Jahre war keineswegs klar, welche Programmiersprache das Rennen macht und dann überleben würde. Werst heute stelle ich mir diese interessante Frage, denn wer dachte damals an so etwas wie (Computer-) Sprachensterben? Im technischen Bereich kannten wir Studenten in den 70er Jahren ja nur FORTRAN. Programmieren bedeutete damals noch Lochkarten stanzen. Sehr lustig, so ein Stapel Pappe mit Programm. Mein erster eigener „programmierbarer" Taschenrechner war ein Gerät von Texas Instruments; an der Uni benutzten wir am Fachgebiet „Bionik und Evolutionstechnik" zu dieser Zeit – es muss 1981 gewesen sein - den programmierbaren HP 25 mit UPN (umgekehrt polnische Notation, von der heute keiner mehr weiß, was damit wohl gemeint sein könnte: UPN?) mit fast 50! Programmschritten. Der HP 25 war zu dieser Zeit eine absolute Ansage, aber für einen Studenten unerschwinglich teuer. Die neunundvierzig Programmschritte reichten tatsächlich aus, eine vollständige Optimierungsstrategie

---

[2] **On Growth and Form** is a book by the Scottish mathematical biologist D'Arcy Wentworth Thompson (1860–1948). The book is long – 793 pages in the first edition of 1917, 1116 pages in the second edition of 1942. D'Arcy Wentworth Thompson's most famous work, *On Growth and Form* was written in Dundee, mostly in 1915, but publication was put off until 1917 because of the delays of wartime and Thompson's many late alterations to the text. The central theme of the book is that biologists of its author's day overemphasized evolution as the fundamental determinant of the form and structure of living organisms, and underemphasized the roles of physical laws and mechanics.
https://en.wikipedia.org/wiki/On_Growth_and_Form

nach dem Vorbild der biologischen Evolution (Namensgeber des Fachgebiets), zu implementieren. In Maschinensprache natürlich. Der erste eigene PC mit 086-Prozessor ein paar Jahre später, konnte unter DOS unterschiedliche Programmiersprachen verarbeiten. Eine Version TURBO-PASCAL „hielt" etwa ein Jahr, dann musste man wieder zu PANDASOFT. Solch ein Ausflug kostete etwa ein Monats-BAFÖG oder das Semesterkontingent für Bücher. Je nachdem. Diesmal befand sich außer den wirklich wunderbaren Handbüchern von Borland und den etlichen 5 ¼ Zoll-Disketten für den Compiler selbst, ein wahrer Schatz in der Schultasche: „Über Wachstum und Form". Damals, immerhin siebzig Jahre nach seiner ersten Veröffentlichung, war D'Arcy Thompsons Buch für mich eine Offenbarung. Ist doch der junge Horizont derart beschränkt, so hatte ich damals den Ursprung aller Bionik, jener Wissenschaft der Übertragung biologischer Phänomene in Technik, in der West-Berliner Ackerstraße verortet. Wo anders als im Wedding der 80er Jahre sollte er denn auch sonst gewesen sein? D'Arcy Thompson aus der Wühlkiste des kleinen Buchladens, bereitete der bis dahin rückfragenlos gehegten Einfalt des Wissensgebietes ein plötzliches und fulminantes Ende. Es kommt wie ein Schlag: „Nach diesem Buch hast Du Stoff für die nächsten dreißig Forschungsjahre und den totalen und absoluten Hunger auf alles was mit Wissen~ beginnt". Und zwar genau jetzt; oder um es mit den Worten der alten Dame in *Harry und Sally*[3] aus jener Zeit zu sagen: „I'll have what he's having". Ja, das trifft es wohl am besten. Du musst es haben.

Das gesamte Werk D'Arcy Thompsons ist wunderbar und vom Typ: Will-Haben, doch am meisten beeindruckte mich der Abschnitt „THE THEORIE OF TRANSFORMATIONS!" [Ch. XVII] in „ON GROWTH AND

---

[3] **Harry und Sally** ist eine Liebeskomödie des Regisseurs Rob Reiner aus dem Jahr 1989 mit Billy Crystal und Meg Ryan in den Hauptrollen. Eine berühmte Szene spielt im Restaurant *Katz's Delicatessen* in der New Yorker Lower East Side. Harry sagt, ihm könne keine Frau einen Orgasmus vorspielen, ohne dass er es bemerkt. Sally behauptet das Gegenteil und spielt ihm dies, beobachtet von allen Gästen, eindrucksvoll vor. Nach dem Orgasmusauftritt von Sally verlangt eine ältere Dame am Nebentisch (gespielt von Rob Reiners Mutter Estelle Reiner) beim Kellner „genau das, was sie hatte". Der Satz in der Originalfassung lautet: *„I'll have what she's having"*. Nach: https://de.wikipedia.org/wiki/Harry_und_Sally

FORM". Mit meiner Bewunderung stehe ich nicht alleine da. Natürlich nicht. In einer Rede zum 150ten Geburtstag D'Arcy Thompsons heißt es: *„Perhaps the most famous images from 'On Growth and Form' are the transformations. D'Arcy showed that gross variation in form between related species could be modeled by the consistent deformation of a sheet."*

In unzähligen Veröffentlichungen, insbesondere in zu jener Zeit äußerst populären Chaos-Theorie durfte das weltberühmte Bildchen Thompsons Transformation eines Fischs keinesfalls fehlen (siehe stellvertretend: Spektrum der Wissenschaft. GEO Sonderausgabe Chaos und Fraktale[4], und Geo Wissen 08 "Chaos - Kreativität[5]" und man mag sich schwindliglesen in eine vergangene Zeit.

CHAOS & KREATIVITÄT: Selbst organisiert sich die Welt - unvorhersagbar, aber doch gesetzmäßig - es offenbart sich uns eine Fülle von Natur. Wenn der Wind dem Meer rund um ein kolumbianisches Pfahldorf Wellenmuster aufprägt, wenn Berge,Bäume und Gesellschaften Strukturen ausbilden - stets folgen sie universalen Gesetzen,denen die Chaos-Forscher auf der Spur sind
KOSMOS: Ein ordentliches Chaos - im Spiel der kosmischen Kräfte wird aus Chaos Ordnung geboren. Alle Materie im Weltraum ist penibel in Hierarchien geordnet - vom Atomkern bis zur Galaxis. Eine Reise durch alle Größenordnungen des Alls enthüllt ein selbstähnliches Universum
MYTHEN: Das schöpferische Spiel - viele Religionen glauben, dass die Welt dem Chaos entwuchs. Bei uns jedoch standen die

---

[4] Chaos und Fraktale (1989) von Hartmut Jürgens und Heinz-Otto Peitgen, Verlag: Spektrum Akademischer Verlag, ISBN-10: 3922508545
[5] http://pngt.de/geo-hefte/geo-wissen-hefte/geo-wissen-heft-08-chaos-kreativitaet.htm

Kreativität des Ungeplanten, das göttliche Spiel, der wirbelnde Tanz bis vor kurzem im Geruch der Unvernunft.

MAGAZIN: Expedition ins Reich der Fraktale - im Panoptikum der Chaos-Forschung sitzt des Apfel-Männchen der dynamischen Systeme neben dem Computer, der "glaubt", überlastet zu sein. Tornados wirbeln im Laborgefäß, und Bronchien enthüllen ihre "fraktale" Struktur, während vertonte Übergänge von Chaos zu Ordnung erklingen: Wettervorhersage: im Winde verwehen die Prognosen, Chemie: das Ballett der Moleküle, Medizin: hab Chaos im Herzen, Hören: wenn die Tonleiter steigt und steigt, Experimente: dem Chaos die gewünschte Richtung geben, Computernetzwerke: wenn alle gleichzeitig den Vorteil wittern,

BIOLOGIE: Der gezähmte Zufall - die unendliche Vielfalt des Lebens basiert auf der kreativen Wiederholung relativ simpler Grundmuster. Dieses "fraktale" Prinzip der Selbstähnlichkeit findet sich in den Zellen von Pflanzen wie im Gefieder von Vögeln.

ÖKOLOGIE: Wenn Räuber Opfer ihrer Beute werden - Flamingos stehen, einer rosaroten Wolke gleich,in einem See und suchen ihre Futter. Auch hier gilt die Regel vom Fressen und Gefressenwerden, hinter der sich "deterministisches Chaos" verbirgt - ein Schlüssel zum Verständnis ökologischen Reichtums?

EVOLUTION: Am Anfang war der Hyperzyklus - der Nobelpreisträger Manfred Eigen postuliert: das Leben ist durch Selbstorganisation entstanden. Im Zentrum seiner Theorie steht der "Hyperzyklus", eine Gemeinschaft kooperierender

Moleküle. Nun werden Teile seines Modells im Labor überprüft

ALLTÄGLICHES: Chaos regiert die Welt – fraktaler Schaum in der Badewanne, Hurrikane in der Kaffeetasse, Wirbel im Marmorkuchen und Zigarettenrauch: die Wissenschaft schickt sich an, die Regeln des Chaos zu entdecken. Und wer mag, kann diese Gesetze überall am Werke sehen

SOZIOLOGIE: Die unvernünftige Gesellschaft - ist eine Planung der Gesellschaft möglich? Schon die Vorstellung findet der Bielefelder Soziologe Niklas Luhmann naiv. Komplexe soziale Systeme wie die "Wirtschaft" oder die "Politik" reagieren auf die Umwelt, indem sie sich selbst beobachten. Mit diesen Thesen zur Selbstorganisation der Gesellschaft hat der "Forscher mit dem Zettelkästchen" wütende Reaktionen seiner Kollegen auf sich gezogen…

Die Sache mit der Erzeugung von Zufall und Zufallszahl spielte natürlich auch bei den Evolutionsexperimenten mit dem HP25 eine gewichtige Rolle. Nicht vorhersagbar, aber doch gesetzmäßig. Plötzlich war sie da, die artifizielle Evolution. Entstand das biologische Leben auf unserem Planeten nicht in einer unermesslichen Vielfalt an Form, Gestalt und Funktion. Die Resultate der natürlichen Evolution, die Gepasstheit (fitness) biologischer Wesen und ihre bis an die Grenzen des physikalisch Möglichen optimierten Formen und Funktionen, sind das Motiv Mechanismen der biologischen Entwicklung als eine Methode zu verstehen, die auch zur Konditionierung künstlicher Systeme taugt. Evolution ist, auf einer abstrakten Ebene betrachtet, die Entwicklung der unbelebten und belebten Natur aus ihren innewohnenden Gesetzmäßigkeiten heraus. Als semantisches Grundschema der Evolution ist ein diskretes Repertoire Vokabular erkennbar. Künstliche (Technik-) Evolution arbeitet mit der essentiellen Semantik der biologischen Evolution und wendet das biologische Evolutionsschema auf mathematisch modellierbare Optimierungsaufgaben an. In einem einfachsten Szenario werden zunächst Kopien eines artifiziellen Startsystems erstellt (Mutation). Zufällige Modifizierungen führen auf eine Schar von Varianten des Elter-Systems (Variation). MUTANTEN und ELTER bilden ein gemeinsames Selektionsensemble. In jeder Generation werden alle Variationen des aktuellen ELTER mittels einer Zielfunktion bewertet und die QUALITÄT aller Systeme ermittelt. Aus der Schar bewerteter Systeme wird ein neuer, aktueller ELTER für die folgende Generation erwählt: ELEKTION. Mit der VARIATION dieses Elter-Systems setzt sich die Kampagne fort. Auf diese Weise steigt die Qualität des Ensembles von GENERATION zu Generation, bzw. fällt nicht hinter die des aktuellen ELTER zurück. Mit dem HP25 war plötzlich die Wahrscheinlichkeitsrechnung der Mathematikvorlesung ganz einfach und irgendwie sogar lebendig: Gesucht ist eine Gesamt-wahrscheinlichkeit, die sich aus einzelnen bekannten Wahr-scheinlichkeiten zusammensetzt. So saßen wir Studenten um diesen großen Tisch im Labor für Bionik und Evolutionstechnik in der Ackerstrasse, Berlin Wedding. West-Berlin, 1981.

Und Würfelten. Mit dem HP25. Bei den Wahrscheinlichkeiten ist es wie bei den Wirkungsgraden. Werden bei der verbalen Formulierung der Aufgabe die einzelnen Wirkungsgrade (Wahrscheinlichkeiten) durch „und" verbunden, müssen rechnerisch die Wirkungsgrade (Wahrscheinlichkeiten) multipliziert werden. Ist der Wirkungsgrad des Getriebes 50% und der Wirkungsgrad des Verbrennungsmotors 20% ist der Gesamtwirkungsgrad 10% (weil $0.5 \times 0.2 = 0.1$). So auch bei unseren Zufallszahlen. Die Wahrscheinlichkeit mit einem Würfel eine 6 zu würfeln und dann nochmals eine 6 zu würfeln ist 1/6 mal 1/6 = 1/36. Die Wahrscheinlichkeit 3 Mal hintereinander eine 6 zu würfeln ist 1/6 mal 1/6 mal 1/6 = 1/216. Werden bei der verbalen Formulierung der Aufgabe die einzelnen Wahrscheinlichkeiten durch

„oder" verbunden, müssen rechnerisch die Wahrscheinlichkeiten addiert werden. Also die Wahrscheinlichkeit mit einem Würfel 6 Augen oder 5 Augen zu würfeln ist dann 1/6 plus 1/6 = 2/6 = 1/3. Die Wahrscheinlichkeit, eine 6 oder ein 5 oder eine 4 oder eine 3 oder ein 2 oder eine1 zu würfeln ist dann 1/6 +1/6 +1/6 +1/6 +1/6 +1/6 = 1. Die Wahrscheinlichkeit, keine 4 zu würfeln, ist gleich der Wahrscheinlichkeit eine 1 oder eine 2 oder eine 3 oder eine 5 oder eine 6 zu würfeln, und das ist 1/6 +1/6 +1/6 +1/6 +1/6 = 5/6 = 1 -1/6. Die Wahrscheinlichkeit, keine 2 oder keine 3 zu würfeln, ist gleich der Wahrscheinlichkeit eine 1 oder eine 4 oder eine 5 oder eine 6 zu würfeln, und das ist 1/6 + 1/6 + 1/6 + 1/6 = 4/6 = 1 – (eine 2 oder eine 3 zu würfeln) = 1 – (1/6 +1/6) = 1 – 2/6. Professor Rechenberg brachte diese sehr wichtige Aussage der Wahrscheinlichkeitstheorie Theorie so auf den Punkt: „Zwei völlig verschiedene Verteilungen der artifiziellen Mutationen (gleichmäßig am Kugelrand und gleichmäßig im Kugelvolumen) ergeben für viele Variable n das gleiche Ergebnis. Das heißt, es lohnt sich nicht, über Vor- und Nachteile verschiedener Mutationsverteilungen zu sinnieren. Feststellung: Evolutionsbefürworter und Evolutionsgegner streiten über die Rolle des Zufalls in der Entwicklung des Lebens. Evolutionsbiologen sehen im Zufall den großen „Macher", Kreationisten ziehen die Kraft des Zufalls ins Lächerliche. Tatsache ist: Der Zufall spielt bei weitem nicht die Rolle, wie es die Kontroverse erwarten lässt. Der Zufall ist in der Evolutionsstrategie nur eine besonders einfacher Stichprobengenerator. Es muss etwas Neues probiert werden und dabei jegliches „Vorurteil" (Bevorzugung einer bestimmten Richtung) vermieden werden. Auch ein deterministischer Stichprobengenerator könnte diese Bedingungen erfüllen. Der Pseudozufallszahlengenerator ist ein solcher deterministischer Stichprobengenerator, der sich besonders einfach programmieren lässt. Nur wer an eine mystische Kraft des Zufalls glaubt wird seine Mutationen mit einem Quantengenerator erzeugen. Was in der Evolution schon nicht mehr dem Zufall

überlassen werden darf, das ist die Mutationsgröße (in der Evolutionsstrategie die Schrittweite δ)".
Damit sind des Meisters Worte heute so aktuell wie damals, vor fast vierzig Jahren. Und weil die HP25-Formel so wunderbar einfach ist, die Formel von Box-Muller zur Erzeugung normalverteilter Zufallszahlen Z_{NORMAL} aus zwei gleichverteilten (Würfel-) Zufallszahlen $Z_{1GLEICH}$ und $Z_{2GLEICH}$, halte ich sie an dieser Stelle fest. Als Zeitdokument: $Z_{NORMAL} = (-2\log(1-Z_{1GLEICH}) \sin(2pZ_{2GLEICH}))^{-0.5}$.

Wie wir später sehen werden, wird gerade die Frage des Zufalls die Kritiker D'Arcy Thompsons zu seinen Lebzeiten auf den Plan rufen. Zunächst aber werde ich mich an der wunderbaren Klarheit der vorgefundenen Darstellung regelrecht ergötzen. Ein phantastisches Buch zu einer phantastische Zeit im West-Berlin der 80er Jahre. Der Zugang zu „THE THEORIE OF TRANSFORMATIONS" ist aber keinen Falls *a pony farm* und mal einfach so mit Babelfischen zu haben. Ich habe D'Arcy Thompson gelesen; wieder und wieder. Damals, heute. Und lesen lassen. Die "THEORIE OF TRANSFORMATIONS [Ch. XVII]" in „ON GROWTH AND FORM" sei ein hervorragendes Dokument und Werk, narrativ exzellent, hieß es in wohlwollenden Rückmeldungen. Aber die Formel, die Du suchst, die gibt es nicht. Basta.
Nun, ja; ich selbst bin ein großer Freund narrativer Theorienbildung, aber ist es ja so, dass D'Arcy Thompson unzählig oft zitiert wird (google findet in 0,77 Sekunden 257.000 Einträge) aber auch andere Leser, Forscher, Wissenschaftler zeigen nicht auf die griffige Formel, die wir an dieser Stelle so gerne hätten.

  „I'll have what she's having"; *Harry und Sally,* mit der wunderbaren Mag Ryan ..

Und es ist außerdem nicht so, dass nicht gleichzeitig unzählige Transformationsansätze existierten, deren Mathematik (allerdings mir) im Verborgenen bleibt. Um letztendlich doch an die begehrte Formel zu gelangen, müssen wir - wenn eine sowohl rasche als auch punktgenaue Recherche versagt - andere Zugangskanäle ausloten.

Nähern wir uns auf einer narrativen Ebene, so „sehen" wir, dass die von Thompson vorgeschlagene Methode zunächst einfach Skizzen biologischer Systeme, etwa Blätter, Huftierknochen, Schädel erstellt. Es gibt ein referenzielles Motiv und ein Ziel. Um den Vorgang der geometrischen Transformation zu „motivieren" überlagert Thompson ein orthogonales, geradliniges Koordinatengitter dem Referenzsystem, dem Motiv. Das Zielsystem der Thompson'schen Transformation ist ebenfalls hinterlegt mit einem nunmehr verformten Gitter. Der Betrachter korreliert die Verformung des Gitters mit der vermeintlich homologen Variation der Skizze der biologischen Form. Diese Korrelation ist zunächst subjektiver Natur und unterstellt, dass der einzige Zweck des mathematischen Gitters darin besteht, oder vielmehr seine Ursache darin findet, die Gesamtgeometrie der Transformation in der Art eines krummlinig verformten Koordinatensystems darzustellen. Wissenschaftler, etwa Mediziner und Biologen, Morphologen und Physiologen aber auch interessierte Laien jener Zeit (auch späte Laien wie wir heute) waren beeindruckt von der Tatsache, dass scheinbar komplexe biologische Entwicklungsvorgänge, etwa embrionale (Gastrulations-) Formänderungen durch einfache Methoden und leicht zu erzeugende Transformationsgitter darzustellen waren und mathematisch zu beschreiben sind. Vielen, damals wie heute, deutete die "THEORIE OF TRANSFORMATIONS" an, dass die den biologischen Prinzipien der Muster- und Gestaltentstehung und quasi die Determination morphologischer Veränderung einfache, mathematische Konstruktionen innewohnen, ja im sprichwörtlichen Sinne „Determinanten" sind.

Der Gitteransatz und die Annäherung an die Analyse der biologischen Form brachte zwar überzeugende Diagramme hervor und wurde in unzähligen Veröffentlichungen sowohl weiterentwickelt als auch populärwissenschaftlich domestiziert, hatte sich aber zu Lebzeiten Thompsons als tatsächliche Transformationstheorie nie vollständig durchgesetzt. Thompson selbst betrachtete seine Herangehensweise als ein visuelles Werkzeug und gibt in "THE THEORIE OF TRANSFORMATIONS" Hinweise, wie seine Transformationsgitter zu operationalisieren sind, etwa wenn er Koordinatenpunkte benennt oder eine Handlungsweise (wir würden das heute einen Algorithmus nennen) angibt, um ein Bild, ein Motiv, eine referentielle Anfangs-struktur in einen Satz von Punkten zu beschreiben und diese an Koordinaten gebundenen Punkte „geordnet" in eine Zielform zu überführen um, dort angekommen, die Verschiebungen und Verzerrungen durch einfache lineare Interpolation zu glätten. Auch hierfür kennen wir den modernen Begriff des „linearen Interpo-lationsansatzes zur Transformationsrasteranalyse" und ahnen bereits, dass eine Anleitung zur Anwendung in praktischen Beispielen, wie es die betörend einfachen Skizzen D'Arcy Thompsons versprechen, nicht so einfach zu haben sind.

```
 „I'll   have   what   she's   having“;  Harry   und
 Sally, mit der wunderbaren Mag Ryan ..
```

In Wirklichkeit ist das, was heute jedes SmartFon durch Wischen auf der Monitoroberfläche hervorzaubert und von modernen Menschen „Morphing" genannt wird, eine sehr junge Anwendung morpho-logischer Transformationen und damit auch ein wenig der Thompson'schen Transformationsrastersynthese. In den 1920er und 1930er Jahren war es Huxley[6], der eine verallgemeinerte Lösung für eine Formvariation im Sinne der "THEORIE OF TRANS-FORMATIONS"

---

[6] HUXLEY, J. S. 1932. Problems of relative growth. Methuan & Co., London. 302 pp.
Sir Julian Sorell Huxley FRS (22 June 1887 – 14 February 1975) was a British evolutionary biologist, eugenicist, and internationalist. He was a proponent of natural selection, and a leading figure in the mid-twentieth century modern synthesis. Huxley and biologist August Weismann insisted on natural selection as the primary agent in evolution. Huxley was a major player in the mid-twentieth century modern evolutionary synthesis.
https://en.wikipedia.org/wiki/Julian_Huxley

Thompsons vorschlug, aber es dauerte bis in die 70er Jahre hinein und letztendlich bis in die Zeit des Aufkeimens der wissenschaftlichen Interessen auf dem Gebiet der Chaostheorie, dass es Entwicklungen auf dem Gebiet morphologischer Transformationen und explizit zum Thompson'schen Modellierungsansatz zu verzeichnen gab (Sneath und Bookstein[7]) und die Suche nach einer analytischen Methode erfolgreich war, die intuitive Anziehungskraft der Thompson'schen Transfomartionsgitter mit den mathematischen und nunmehr nu-merischen Mitteln der jetzt verfügbaren multivarianten Morphome-trie zu beantworten. Aber rückt auch für unsere Transformations-aufgabe eine praktizierbare Lösung in greifbare Nähe?

„I'll have what she's having"; *Harry und Sally,* mit der wunderbaren Mag Ryan ..

Das Zauberwort der „multivarianten Morphometrie" verspricht zumindest eine neue, auf Algorithmen basierende Methode zur Erzeugung von Formähnlichkeit zwischen Motiv und Zielstruktur, von „konformer Abbildung", die ihrerseits hundert Jahre alt ist und zeitgemäßer numerischer, morphometrischer Transformation. Und wenn man sich einliest in die Materie, erscheint die vermeintliche Lösung sofort, wenn nicht vor dem geistigen Auge, doch später dann wenigsten auf den unzähligen Schmierzetteln und Tagebuchnotizen, denn in der traditionellen multivarianten Analyse wird die Ähnlichkeit zwischen zwei Objekten und deren Konturen über den Abstand ausgewählter Punkte dieser Kontur ermittelt. Das mag für eine Analyse eines Objektes in der Ebene (vom dreidimensionalen Raum ganz zu schweigen) ausreichen und eine schnelle Zusammenfassung

---

[7] BOOKSTEIN, F. L. 1978. The measurement of biological shape and shape change. Berlin, Springer, 191 pp.
BOOKSTEIN, F. L. 2002. Creases as morphometric characters. In N. MacLeod and P. L. Forey, eds. Morphology, shape and phylogeny. London, Taylor & Francis, 139–174 pp.
SNEATH, P. H. A. 1967. Trend surface analysis of transformation grids. Journal of Zoology, 151, 65–122. SNELL, O. 1892. Die Abhängigkeit des Hirngewichts von dem Körpergewicht und den geistigen Fähigkeiten. Archives of Psychiatry 23, 436–446.
ROHLF, F. J. and F. L. BOOKSTEIN, L. 2003. Computing the uniform component of shape variation. Systematic Biology, 53, 66–69.

von Eigenschaften und Formunterschieden, ja sogar topologischen Parametern zu leisten. Aber D'Arcy Thompson analysiert nicht oder nicht nur, sondern er ist der Großmeister und vermeintliche Inhaber gestaltender Schöpferkraft, der Poiesis im Sinne des klassischen Altertums.

D'Arcys "THEORIE OF TRANS-FORMATIONS" postuliert ein Erzeugendensystem. Diese Synthese und weniger die morphologische Analyse (ja, diese vielleicht auch, falls es weiterhilft) ist ja das Ziel unserer Bemühungen. Der Gegenstand meiner Bestellung.

„I'll have what she's having"; *Harry und Sally,* mit der wunderbaren Mag Ryan ..

Es ist wie beim Müllruntertragen: was Du nicht selber machst, geschieht einfach nicht. Und nicht nur dies. Wir stellen auch unmissverständliche Anforderungen an eine Transformationsmethode. Angefangen von den ganz banalen Eigenschaften eines jeden Transformationsverfahrens, wie etwa seine Fähigkeit Objekte (t_0) in der Ebne zu verschieben (t_3), linear zu skalieren (t_1) und zu rotieren (t_2). Solche Transformationen

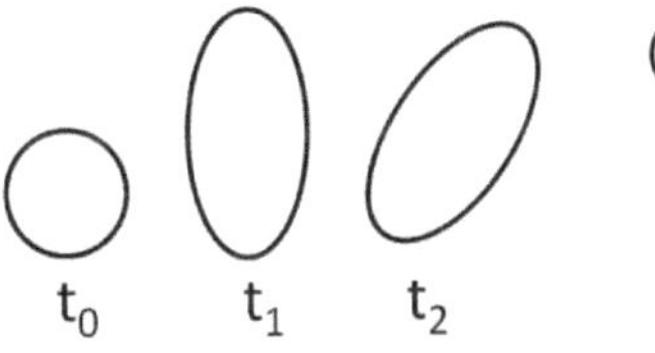

begegnen uns laufend und überall. Auf diese unter dem Begriff der Koordinatentransformation in jedem gut funktionierendem Bücherregal nachschlagbare Matritzenrechnung verzichten wir an dieser Stelle. Wie einfach das Transformieren in der Praxis ist zeigt der Kreis, wenn man ihn als – angesichts unendlich vieler Ellipsen nahezu unwahrscheinlichen - transformierten Spezialfall ansieht, bei dem die beiden erzeugenden Radien a und b der Ellipse gleich sind. Der Flächeninhalt einer Ellipse $A_{ELLIPSE} = \pi\,ab$ ist für diesen einzigen Fall (a=b=r) der eines Kreises $A_{KREIS} = \pi\,r^2$.

D'Arcy Thompson stellt uns genau diese Aufgabe: „finde für das bekannte Motiv einer Ellipse (t_2) eine morphologische Synthese für den Spezialfall des Kreises irgendwo in der Ebne (t_3). Und, „hilfreicher Hinweis", sagt D'Arcy, „achte doch einfach auf das verformte, vormals orthogonale Gitter, das dem Motiv einerseits, der Abbildung andererseits unterliegt". Letzteres denken wir uns nur, schließlich üben wir uns in Narration. Anfangs, als Morphometriker begannen Formen mit linearen Entfernungen zwischen Konturpunkten zu charakterisierten, schien die abstandsbasierte Beschreibung zweier verschoben, skaliert und gedrehter Konturen sowohl als nützlich, als auch praktisch. Aus anderen mathematik-basierten Wissenschaften waren die Methoden bekannt und etabliert, schließlich sind Abstände ja einfach nur Größen! In der Praxis der angewandten Geodäsie beispielsweise kommt man damit vollständig aus. Bei der Suche nach einer Koordinatentransformation erweist sich aber als unangenehm, wenn eine Liste aus Verschiebungen für jeden Punkt keinerlei Information über das Objekt enthält, das diese Konturpunkte repräsentieren. Es wäre eine (sehr) große Aufgabe, einem Transformationsobjekt neben den Koordinaten der äußeren Kontur auch noch die „Bedeutung" und das „Design" der inneren Struktur, also des geographischen Milieus des Transformationsgebiets, einbeschreiben zu wollen. Aber genau dies müssen wir fordern, wenn wir die aus der narrativen „THEORIE OF TRANSFORMATIONS" Thompsons folgenden Transfomartionsgitter mathematisch gut unterlegt „bestellen" wollen.

„I'll have what she's having"; *Harry und Sally,* mit der wunderbaren Mag Ryan ..

Mit dem Übergang zu charakterisierenden Formen des inneren Milieus eines (strukturierten) Transformationsobjekts unter Verwendung der Konturkoordinaten kommt der Gedanke eines schrittweisen, iterativen Vorgehens auf. Position, Skalierung und Rotation verlieren auf lokaler Ebene dann an Schrek-ken und Bedeutung, wenn diese Operati-onen Teil eines Trans-formationsgeschehens sein dürfen, das zwar genügend komplex und hochdimensional im Sinne der Anzahl der vertikalen und horizontalen Koordinaten-Dupel der Bewegungspartner (-punkte) in der zwei-dimensionalen Ebene ist, dafür aber in sehr kleinen kausal ausbalancierten Schritten abläuft und derart eine Formähnlichkeit (schrittweise) aufrecht erhält. Und die Idee Thompsons Trans-formations-Gitteransatzes bestehen bleibt. Gesucht ist ein, nennen wir es vielleicht „unverschränkter" Pfad, eine Art „proper Kurs[8]" über das Koordinatengelände. Wie ließe sich sicherstellen dass, und zwar universell und neutral gegenüber der

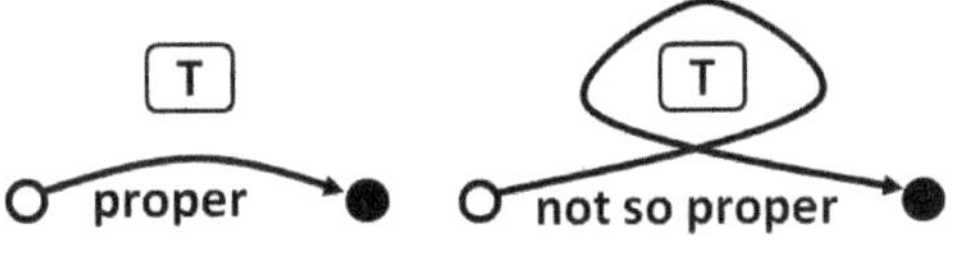

gestellten Transformationsaufgabe, bestehend aus Motiv, Transformationsmatrize, Zielstruktur, eine unverschlungene, topologisch konsistente, homomorphe Verzerrungsbahn gewährleistet werden kann? Denn nur mit einer (beliebigen) aber gleichsam „proper Transformation" bliebe das innere topologische Milieu des Transformationsobjekts (homomorph) erhalten.

Es war ziemlich genau an dieser Stelle des hier vorliegenden Aufsatzes, als mich eine Kollegin kopfschüttelnd zur Seite nahm (falls

---

[8] The definition of PROPER COURSE says "A course a boat would sail to finish as soon as possible in the absence of the other boats referred to in the rule using the term.
Racing rule 17 in Section B, GENERAL LIMITATIONS. ON THE SAME TACK; PROPER COURSE; If a boat clear astern becomes overlapped within two of her hull lengths to leeward of a boat on the same tack, she shall not sail above her proper course while they remain on the same tack and overlapped within that distance, unless in doing so she promptly sails astern of the other boat. This rule does not apply if the overlap begins while the windward boat is required by rule 13 to keep clear.
http://www.racingrulesofsailing.org/rules

man das so nennen darf, wenn es per e-mail geschieht) und noch einmal versichernd nachfragte, ob ich das wirklich „per Hand" programmieren wolle. Gefragt und gebeten, würde sie mein Problem (sie sprach tatsächlich von „meinem" Problem! und nicht von „einer" Aufgabe, obwohl ich auch in ihrer Gegenwart nicht müde werde zu predigen, dass alle, nicht nur meine, Probleme grundsätzlich unlösbar seien und erst wenn man sie, die Probleme, in eine Aufgabe verwandelte, diese dann erarbeitet und gelöst werden könne ..), mein Problem also in wenigen Minuten mit Blender, Rhino, Grasshopper[9] oder was auch immer, aufzulösen. Und ich füge hinzu: wahrscheinlich so nebenbei und quicki-quicki, nur um mich damit zu provozieren! B-Spines oder auch Bezierflächen seien dort (Grasshopper) nicht nur in diesen (inzwischen wohl unfragwürdig langweiligen) kartesischen Euler-Koordinaten existent, sondern immer auch als Parametersatz (Lagrange?) für eine beliebige 3D-Transformation abrufbar. Genau so, wie man es in der traditionellen multivarianten Morphometrie kenne. Notfalls (sie meinte sicher den Fall, dass man ein alter Mann ist) ließe sich über Mathematica auch eine Formel generieren. Notfalls. Da war er wieder, dieser PandaSoft-Gap. Natürlich hatte ich bis in die 90er Jahre hinein an PASCAL festgehalten und damit die C^{++} Verheißung verspielt, den Absprung nicht geschafft, wurde aber nach einer kurzen DELFI-Affäre (vermittelt by PandaSoft, natürlich) von einer Interpretersprache halbwegs aufgefangen (nein, nicht VB!!), überlebte und programmiere heute in SCILab, dem MatLAB für Arme. Und ebenfalls natürlich weiß auch ich, dass man besser einen Compiler in der Konsole haben sollte, usw. usw. bla, bla, blubb.

---

[9] https://de.wikipedia.org/wiki/Liste_von_CAD-Programmen

Gleichzeitig glücklicher Weise kommt von D'Arcy Thompson selbst eine gewisse Entlastung der aufgeladenen Atmosphäre; er nimmt quasi den Druck raus, wenn er schreibt:

In a very large part of morphology, our essential task lies in the comparison of related forms rather than in the precise definition of each; and the deformation of a complicated figure may be a phenomenon easy of comprehension, though the figure itself have to be left unanalysed and undefined. This process of comparison, of recognising in one form a definite permutation or deformation of another, apart altogether from a precise and adequate understanding of the original "type" or standard of comparison, lies within the immediate province of mathematics, and finds its solution in the elementary use of a certain method of the mathematician. This method is the Method of Coordinates, on which is based the Theory of Transformations f. ("THEORIE OF TRANSFORMATIONS", S1032)

Selbst wenn die Figur, also unser Motiv, kompliziert ist und/oder unanalysiert und undefiniert bleibt, lösen Thompsons Transformationen die Aufgabe, verwandte Formen vergleichen zu können. Dieser Prozess des Vergleichs, in der einen Form eine bestimmte Permutation (Variation) oder Deformation einer anderen zu erkennen, unterscheidet sich insgesamt von einem präzisen und angemessenen Verständnis] … [in der elementaren Verwendung einer bestimmten Methode der Mathematiker. Diese [D'Arcy's] Methode sei die „Methode der Koordinaten", auf der die Theorie der Transformationen basiert, schreibt D'Arcy Thompson sinngemäß. Was für ein Glück. Er nimmt es offenbar auch nicht so ganz ernst mit der Mathematik. Man fühlt sich, wie wir gleich sehen werden, wohlig in seiner Nähe, haben wir doch durchaus die Absicht, hier und mit diesem Aufsatz, eine Lösung unserer gemeinsamen Transformationsaufgabe zu erarbeiten, ein Lösungsprinzip das D'Arcy Thompson gebilligt oder an der er zumindest - mit einem Schuss englischen Humor - selbst seine Freude gehabt hätte? Die Methode der Koordinaten in der Theorie der Transformationen, das klingt gut; sehr gut. Und genau so etwas, nein genau das wollen wir haben. Jetzt.

„I'll have what she's having"; *Harry und Sally*, mit der wunderbaren Mag Ryan ..

Um es ein letztes Mal zu sagen: in diesem Aufsatz erarbeiten wir ein Verfahren, das sehr wahrscheinlich (ich weiß das nicht genau) in den Augen des Mathematikers liederlich und unprofessionell erscheint, aber als Methode eine für die Gestaltungspraxis taugliche Lösung generiert, eine Koordinatentransformation auf subjektive Zielkonturen, inspiriert durch die Arbeiten des D'Arcy Wentworth Thompson.

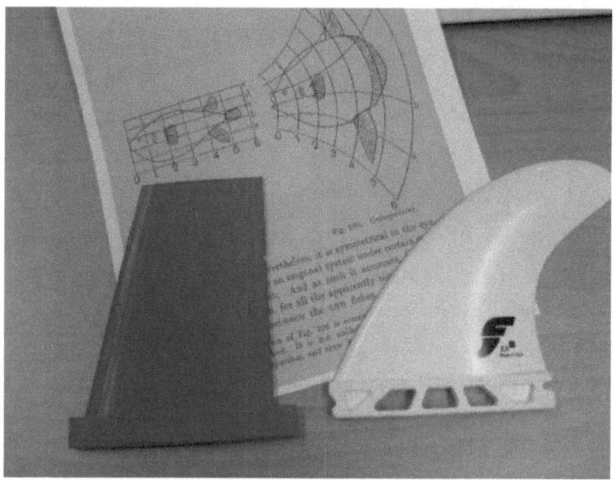

Die Entwicklungsaufgabe für unsere Surfboardfinne ist vergleichsweise klar formuliert: Finde eine Methode, um die in einem Labormodell entworfene Geometrie innerer kinematische Strukturen auf einen beliebig konturierten Tragflügel zu übertragen mit dem Ziel, die derart gefundene Struktur funktional zu verifizieren und verformungskinematisch zu analysieren. Das erinnert an prinzipielle Herausforderungen in der Forschung. Heute geht die Wissenschaft der Entwicklung von Technik voraus. Wir verwenden einen gut untersuchten physikalischen Effekt oder Prozess und materialisieren ihn in einem komplexen Artefakt, einer Maschine. Ein Beispiel hierfür ist der Turbolader für einen Dieselmotor. Alle drei Komponenten des technischen Gesamtsystems, die Verbrennungskraftmaschine, die Kraftstoff in mechanische Energie wandelt, der Verdichter für die Frischluft des dieselmotorischen Prozesses und die mit ihm mechanisch verbundene Abgasturbine, die aus dem Abgas kinetische und thermische Energie koppelt, sind wissenschaftlich wohluntersuchte Teilsysteme, die in einem Gestaltungsprozess zusammengeführt, aufeinander abgestimmt und optimiert werden. Gelegentlich sprechen wir Techniker auch über Atomkraftwerke in ähnlicher Weise. In der Vergangenheit und in den frühen Kulturen war es umgekehrt. Dort geht die Technik der Wissenschaft voraus. Es werden Maschinen entwickelt und gebaut, die erst später hinsichtlich der ihr zu Grunde liegenden Physik verstanden werden. Beispiel: Der Bumerang taucht als Konstruktion einer Jagdwaffe vor 5000 bis 7000 Jahren in verschiedenen Kulturen auf. Obwohl er gestalterisch vollständig beschrieben ist, gefertigt werden kann und im Betrieb funktioniert, gilt die Analyse seiner Flugmechanik bis heute Rätzel auf. So ähnlich ist es hier. Wir entwickeln kinematisch wirksame Strukturen in Tragflügeln, deren fluidmechanische Eigenschaften erst im Nachhinein ermittelt werden. Transformationen, inspiriert durch die Arbeiten des D'Arcy Wentworth Thompson, auf Koordinaten-Verschiebungen die einer wissenschaftlichen (Weiter-) Verarbeitung vorangehen.

Wie die Transformationen zu determinieren sind, ist selbst Thompson wenig bekannt. Thompson schreibt:

In a word, it is sufficient to account for the new and striking contour in all its essential details, of rounded body, exaggerated dorsal and

ventral fins, and truncated tail. In like manner, and using precisely the same coordinate networks, it appears to me possible to shew the elations, almost bone for bone, of the skeletons of the two fishes; in other words, to reconstruct the skeleton of the one from our knowledge of the skeleton of the other, under the guidance of the same correspondence as is indicated in their external configuration.
"THE THEORIE OF TRANSFORMATIONS", S. 1065.

„Mit einem Wort, es genügt, die neue und auffallende Kontur in allen ihren wesentlichen Einzelheiten zu berücksichtigen, den abgerundeten Körper, die übertriebenen dorsalen und ventralen Flossen und den abgeschnittenen Schwanz. In gleicher Weise und wenn ich genau die gleichen Koordinatennetzwerke verwende, scheint es mir möglich zu sein, die Euphorie, beinahe Knochen um Knochen, der Skelette der beiden Fische zu zeigen; mit anderen Worten, das Skelett des einen aus unserer Kenntnis des Skeletts des anderen zu rekonstruieren, unter der Leitung derselben Entsprechung, wie sie in ihrer äußeren Konfiguration angegeben ist."
(freie Übersetzung des Autors)

Transformationen

Das in diesem Aufsatz vorgeschlagene Verfahren greift das Konzept Thompsons der „subjektiven Betrachtung" einer Zielkontur auf, ermittelt die Determination einer entsprechenden Transformation für die Ebene und wendet diese dann auf das Gesamtsystem, bestehend aus der begrenzenden Kontur und dem inneren geometrische Milieu, an. An sich ist das ein einfacher Sachverhalt. Für den sich auch einfache Worte finden sollten. Die avisierte Lösung enthält grundlegende Transformationsoperationen und spezifische Erweiterungen. Bemühen wir uns zunächst um eine formale mathematische Sicht und eine prinzipielle Herangehensweise. Das Konzept einer affinen Abbildung beinhaltet mindestens eine Skalierung (Parallelstreckung), eine Verschiebung und eine Drehung. Transformation erscheint uns also als eine Skalierungs-Verschiebe-Verzerr-Operation. Man könnte sie auf einer Art Gummi-Kopierer ausführen. Des Weiteren sind Spiegelung, Achsenaffinität (Scherung, Schrägspiegelung), zentrale Affinität (Drehstreckung) und die rapportierte Ausführung mehrerer Affinitäten konventionelle Transformationsoperationen im Programm und im Rahmen affiner Transformationen zulässig. Die Koordinate des Motivs sei [x y], die Transformierte $[x_t \ y_t]$, die Koordinate des der Koordinatenursprung $[x_0 \ y_0]$. Die Transformationsmatrix für eine Rotation um α und die Skalierung s:

$$\begin{bmatrix} x_t \\ y_t \end{bmatrix} = \begin{bmatrix} x - x0 \\ y - y0 \end{bmatrix} \ s \ \begin{bmatrix} \cos\alpha & \sin\alpha \\ -\sin\alpha & \cos\alpha \end{bmatrix}$$

Die Separation der Lösung liefert die Gleichungen:

$$x_t = (s\cos\alpha)\,x + (s\sin\alpha)\,y - s(x_0\cos\alpha + y_0\sin\alpha)$$
$$y_t = (-s\sin\alpha)\,x + (s\cos\alpha)\,y + s(x_0\sin\alpha - y_0\cos\alpha)$$

$$\begin{bmatrix} x_t \\ y_t \end{bmatrix} = \begin{bmatrix} x \\ y \end{bmatrix} \ \Sigma\, s_{0j} \begin{bmatrix} s_{11} & s_{12} \\ s_{21} & s_{22} \end{bmatrix}_j$$

Das Konzept der affinen Abbildung liefert nach einer Separation der Lösungen ein zweidimensionales Gleichungssystem mit gemischten Termen, ist aber für Verschiebungen und Verzerrungen durch Transformationen nach der Theorie D'Arcy Wentworth Thompsons nicht hinreichend!

Zunächst suchen wir also nach Lösungen, die von einem fest vereinbartem Koordinatenursprung $[x_0\ y_0]$ unabhängig sind und ersetzen diese durch eine (freie) Koordinate $[a_0\ b_0]$.

Die trigonometrischen Funktionen mit den Argumenten α liefern unabhängig von der Tatsache, dass es sich in unserer Anschauung um eine Rotation um einen Punkt $[x_0\ y_0]$ bez. des Koordinatenursprungs handelt, immer konstante Werte zwischen $[-1\ ..\ 1]$, so dass sie unabhängig ihres trigonometrischen Ursprungs für eine verallgemeinernde Transformationsvorschrift formalisiert werden können. Den Skalenfaktor s implizieren wir in die Schar neuer Variablen in einem Konzept kaskadierter Matrizen.

Vielleicht ist das nicht gut, denn: wir entfernen uns nun einen weiteren Schritt vom formalen Kalkül der konformen Abbildung tradierter Transformationen, eingedenk der Tatsache, auch hier im Einklang mit den Ideen Thompsons hinsichtlich einer performanten Koordinatentransformationen zu handeln und nehmen die etwas kompliziertere Form einer Funktionenmatrize in unsere Überlegungen auf.

$$\begin{bmatrix} x_t \\ y_t \end{bmatrix} = \begin{bmatrix} x \\ y \end{bmatrix} \quad \Sigma\ s_{0j} \begin{bmatrix} F_{11} & F_{12} \\ F_{21} & F_{22} \end{bmatrix}_j$$

Die Matrizenelemente sind nunmehr Funktionen einer oder beider Koordinaten x und y, also: $F_{ik}=F(x,y)$. Auf diese Weise wachsen uns neue Freiheiten bei der Konstruktion geeigneter Transformations-verfahren zu. Mit der Funktionenmatrize gewinnen wir bei den Affin-Puristen unter den Mathematikern wahrscheinlich keine neuen Freunde, finden uns aber dennoch in prominenter Gesellschaft wieder. In der Theorie D'Arcy Wentworth Thompsons lesen wir zu diesem Aspekt:

We treated our original complex curve or projection of the tapier's toe as a function of the form $F(x, y) = 0$. The figure of the tapier's lateral toe is a precisely identical function of the form $F(e^x, y_1) = 0$, where x_1, y_1 are oblique coordinate axes inclined to one another at an angle of 50°. "THE THEORIE OF TRANSFORMATIONS", S. 1054.

Die Separation der Lösungen für die Transformationen aus kaska-dieten Matrizen führen auf ein Gleichungssystem für die Koordinaten (x, y). Um den Lösungsansatz für eine Transformation mit „freien" Variablen nicht unnötig zu verkomplizieren wählen für einen ersten Hub nur Relationen zweiter Ordnung. Der polynominale in unserem Falle der binominale Ansatz entfesselt eine Koordinatentransfor-mation kontrolliert. Die Methode entfernt sich jetzt noch weiter von einer durchaus wünschenswerten Vorstellung affiner Transformati-onen. Wir wollen diesen Weg an dieser Stelle dennoch einschlagen. Die transformierten ebenen Koordinaten $[x_t \quad y_t]$ schreiben wir in einem Ansatz zweiter Ordnung:

$$x_t = a_0 + a_1 x + a_2 x^2 + a_3 xy + a_4 y^2$$
$$y_t = b_0 + b_1 y + b_2 y^2 + b_3 yx + b_4 x^2$$

Die Koeffizienten a_n, b_n sind nun einer Konditionierung auf ein zweidimensionales geometrisches Zielproblem mit $2n$ Unbekannten zugänglich. Die zehn Koeffizienten $[a_0, a_1, a_2, a_3, a_4, b_0, b_1, b_2, b_3, b_4]$ sind nun die Parameter einer Konditionierung für eine Zielfunktion.

Bei der Frage nach einer geeigneten Methode zur Konditionierung auf ein zweidimensionales geometrisches Problem taucht eine sehr delikate Frage auf. Von Anbeginn meiner Ausführengen in diesem Aufsatz bestand die Absicht, die Transformation über eine Strategie auf der Basis Phylogenetischer Algorithmen anzusteuern. Das war auch der Grund, weswegen selbst ein gutgemeinter Hinweis auf Rhino und Grashopper zunächst einmal ins Leere laufen sollten. Der Begriff der Optimierungsstrategie greift für unsere Gestaltungsaufgabe ein wenig zu weit. Es handelt sich eher um eine „Konditionierung" von Objektvariablen, die aus einer Transformationsvorschrift stammen. Vorsichtig formuliert.

Evolutionäre Konditionierung

D'Arcy Wentworth Thompsons zentrale These ist getragen von der dominanten Bedeutung physikalischer zuvorderst mechanischer Einflüsse auf Muster, Gestalt und Struktur der Lebewesen. Phylogenetische Veränderung und Entwicklung biologischer Gestalt sei mit Mathematik beschreibbar und voraussagbar, sagt Thompson und beklagt, dass seine Zeitgenossen die „Bedeutung der Evolution für die Form, Funktion und Gestalt der Lebewesen" überschätzen. Heute wissen wir, dass dies keinen Widerspruch darstellt und fügen die Evolutionstheorie Darwins und die Algorithmen von Wachstum und Form nach D'Arcy Wentworth Thompson in eine große Erzählung des Werdens und Entstehens in der Natur. Thompson bewunderte Charles Darwin[10], den Älteren. Ob sie sich je begegnet sind ist (mir) nicht bekannt. Und dennoch: 1946 wird D'Arcy Wentworth

---

[10] Charles Robert Darwin (* 12. Februar 1809 in Shrewsbury; † 19. April 1882 in Down House/Grafschaft Kent) war ein britischer Naturforscher. Er gilt wegen seiner wesentlichen Beiträge zur Evolutionstheorie als einer der bedeutendsten Naturwissenschaftler.

Thompson die DARWIN-MEDAILLE[11] verliehen, mit der Inschrift: *"... in reward for work of acknowledged distinction in the broad area of biology in which Charles Darwin worked, notably in evolution, population biology, organismal biology and biological diversity."*

Ich persönlich vermute, dass die Rolle des Zufalls in der Evolutionstheorie Darwins für viele Zeitgenossen den Dreh- und Angelpunkt für Skepsis und Zurückhaltung ausmachte. Die Kernaussage Darwins Theorie, dass Evolution ein langfristiger, fortschreitender Prozess der Entwicklung von Organismen ist, sich die Individuen einer Population durch erbliche Zufallsveränderungen unterscheiden und durch die "natürliche Auslese" diejenigen Veränderungen, die ihren Träger besser an eine gegebene Umwelt anpassen häufiger an die nächste Generation weitergegeben, zog D'Arcy Wentworth Thompson ganz offensichtlich nicht in Zweifel.

Die Entwicklung der Lebewesen auf unserem Planeten führte zu einer unermesslichen Vielfalt an Form, Gestalt und Funktion. Die treibende Kraft dieses Vorgangs ist die biologische Evolution. Evolution ist, wie oben bereits angeführt und auf einer abstrakten Ebene betrachtet, die Entwicklung der unbelebten und belebten Natur aus ihren innewohnenden Gesetzmäßigkeiten heraus. Evolution wird als eine Strategie verstanden, die im Laufe von Milliarden Jahren nicht nur bis an die Grenzen des physikalisch Möglichen optimierte Formen, Gestalt und Funktionen hervorgebracht hat, sondern auch sich selbst immer weiter optimiert hat. Ingenieure haben in den 70er Jahren des vergangenen Jahrhunderts damit begonnen, die Prinzipien und Mechanismen der biologischen Evolution als Methode zu verstehen

---

[11] Die Darwin-Medaille (englisch Darwin Medal) ist eine von der britischen Royal Society verliehene Auszeichnung für Wissenschaftler, die wichtige Beiträge im Bereich der Biologie geleistet haben. Sie wurde nach dem britischen Naturforscher und Mitbegründer der Evolutionstheorie Charles Darwin (1809–1882) benannt und ist mit einem Preisgeld von 1000 Pfund Sterling dotiert.

und Verfahren entwickelt die geeignet sind, nach dem Vorbild der belebten Natur künstliche Systeme zu optimieren und zu konditionieren. Bei der Entwicklung von Optimierungsstrategien nach dem Vorbild der biologischen Evolution steht der Einsatz der Algorithmen in komplexen Simulationsumgebungen, wie beispielsweise der Strukturanalyse mit der Methode der Finiten Elemente (FEM) oder der computerunterstützten Strömungssimulation (computational fluid dynamics, CFD) im Fokus industrieller und wissenschaftlicher Anwender. Schon in den frühen 80er Jahren waren numerische Lösungen auf der Basis biologistischer Konzepte verfügbar. Zu den so genannten „evolutionären Algorithmen (EA)" gehören die Genetischen Algorithmen (GA) und die Evolutionsstrategien (ES). Sie taugen für Optimierungsaufgaben in komplexen hochdimensionalen Qualitätenräumen, arbeiten lokal, sind robust und leistungs-fähig. Evolutionären Algorithmen verwenden das essentielle Vokabular der biologischen Evolution: Mutation, Selektion in jeder Generation und wenden das Evolutionsschema auf mathematisch modellierte Optimierungsaufgaben an [Kos03] [Her00] [Her05] [Rec94] [Sche85] [Schw95].

Zufällige Modifizierungen eines ELTERS führen auf eine Schar von Varianten: MUTANTEN. In jeder Generation werden alle Variationen des aktuellen ELTER mittels einer Zielfunktion (n-dimensionale Qualitätsfunktion) bewertet und die Qualität aller Systeme ermittelt. Aus der Schar bewerteter Systeme wird ein neuer, aktueller ELTER für die folgende Generation erwählt (Selektion). In unserem Szenario unterscheiden normalverteilt- zufällige Variationen den Objektvariablen- Vektor des Nachkommen von dem des ELTER. Neben den Merkmalen des als ELTER der nächsten Generation bestellten Musters wird ein Strategieparameter vererbt: die für alle Komponenten des Objektvariablen- Vektors gleiche, globale

Variations-Schrittweite δ. Die formalen Elementen einfacher evolutionärer Algorithmen:

ein Elter		... erzeugt ...
m	Variationen (Mutanten)	... über
g	Generationen	... sowie einer ...
δ	Variationsschrittweite	Strategieparameter

Der n-dimensionale Objektvariablen-Vektor $\underline{V}(n)$ determiniert eine (r-dimensionale) Qualitätsfunktion $Q(r)$ deren Minimum in einer Konditionierungskampagne ermittelt werden soll. In der Optimierungspraxis steht der n-dimensionale Objektvariablen-Vektor für den Eingabedatensatz der Geometrie einer komplexen Gestaltungsaufgabe. In unserem Fall werden die Steuerungsparameter s_{ikj} in den Objektvariablen-Vektor $\underline{V}$ einbeschrieben. In Optimierungsstrategien, die Varianten über lokale (Ähnlichkeits-) Variationen generieren, kommen entweder eine individuelle vektorielle Variationsschrittweite $\underline{\delta}(n)$ der Generation (n) oder eine skalare, global für alle Vektorkomponenten gleiche Variationsschrittweite $\delta(n)$ mit der der Zufallszahlenvektor gewichtet wird, zur Anwendung.

$$\underline{V}(n+1) = \underline{V}(n) + \underline{\delta}(n)\,\underline{Z}$$

Der Term $\underline{\delta}(n)\,\underline{Z}$ ist der mit der individuellen vektoriellen Variationsschrittweite $\underline{\delta}(n)$ der Generation (g) gewichtete Zufallszahlenvektor $\underline{Z}$ der Dimension (n). $\underline{Ve}(n)$ sei ein ELTER-Vektor. Die Ähnlichkeitsvariation der Objektvariablen, das Äquivalent zur biologischen Mutation, sei $\underline{Vm}(n)$ der MUTANT-Vektor. Es wird in jeder Generation sukzessive eine Schar von MUTANT-Vektoren generiert. Die Dimension der Objektvariablen ELTER $Ve(n)$, der m Mutanten MUTANT $Vm(n)$, und des besten Nachkommen BESTER $Vb(n)$ sind gleich. Im Rahmen der Optimierungskampagne wird die (r-dimensionale) Qualitätsfunktion Q(r) evaluiert. Die Dimension der Qualitäts-funktion r ist verschieden von der Dimension der Objektvariablen n. Die Evaluierung der Qualitätsfunktion bringt einen besten Nach-kommen BESTER $\underline{Vb(n)}$ der Variablenvektoren hervor.

Entsprechend der „Spieler" in einer Optimierungskampagne existieren Qualitäten für den ELTER Qe, die Mutanten MUTANT Qm und die Qualität des besten Nachkommen BESTER Qb. Die Qualitätsermittlung nutzt die die Euklidische- Distanz als der spezielle Fall zweiten Grades (γ=2) einer allgemeinen „Norm" über zwei beliebiger Vektoren $\underline{Ab}$ und $\underline{Ae}$. Es sind:

Allgemeine Norm: $\text{norm}(\underline{Ab},\underline{Ae}) = [\ \Sigma\ [\underline{A}b(n-1) - \underline{A}e(n)\ ]^{\gamma}\ ]^{1/\gamma}$
Manhattan Distanz: $\text{dist,M}(\underline{Ab},\underline{Ae}) = \Sigma\ [\ \underline{A}b(n-1) - \underline{A}e(n)\ ]$
Euklidische Distanz: $\text{dist,E}(\underline{Ab},\underline{Ae}) = [\Sigma\ [\ \underline{A}b(n-1) - \underline{A}e(n)\ ]^{2}\ ]^{1/2}$

Die Euklidische Distanz repräsentiert den Summenwert über das Quadrat der lokalen Distanzen zweier Vektoren und ist strukturell mit der Varianz über einen Differenzenvektor verwandt und wäre unter den Normen die erste Wahl. In der praktischen Erprobung lieferte aber das MANHATTAN-Kriterium die beste Konvergenz. Das MANHATTAN-Kriterium muss man sich vorstellen wie den Stadtplan von Manhattan, mit sich im rechten Winkel schneidenden Straßen. Im zweidimensionalen Fall ist die Manhattendistanz dann die Summe aller absoluten (Koordinaten-) Differenzen distM $=\Sigma[\Delta x]+[\Delta y]$ in einem Koordinatenvergleich zwischen der Figur in einem Motiv- und einem Zielsystem. Aber nur selten arbeitet eine Evolutionsstrategie in 2 Dimensionen.

Dennoch ist die Arbeitsweise einer klassischen Evolutionsstrategie, wie oben beschrieben, von äußerster Einfachheit. Dies gilt auch für Implementierungen für den C-basierten MATLAB Interpreter[12]. Der

---

[12] Verwendet wird der C-basierte SCILAB Interpreter Scilab is free and open source software for numerical computation providing a powerful computing environment for engineering and scientific applications.

Kern der Evolutionsstrategie zur Konditionierung einer Transformation in der Ebene ist in 12 Programmzeilen codiert; das ist selbst bei nicht-optimiertem Code wirklich sehr smart.

```
vsto= v;                                                        // besterNachkomme
 for g=1:Gen                                                    // Gen..begin
  for m=1:Mu                                                    // Mu..begins
   z0=rand(dim,1,'normal');                                     // nvert.ZZ
   if rand()<0.50,dm=de/alfa; else dm=de*alfa; end;            // Schrittweite
   vm=ve+(dm* z0');                                             // Mutation
    s0=vm(1); s1=vm(2); s2=vm(3); s3=vm(4); s4=vm(5);          // linGLsys X
    r0=vm(6); r1=vm(7); r2=vm(8); r3=vm(9); r4=vm(10);         // linGLsys Y
    muNODE= TransFormLGS(NODE,s0,s1,s2,s3,s4,r0,r1,r2,r3,r4);   // Transformation
    qm=MANHATTAN(TARG,muNODE);                                  // Summe NormOrd1.
    if qm<qb,qb=qm;vb=vm;db=dm; end;                            // Elektion  KOMMA-Str.
   end;                                                         // Mu..ends
    qe=qb; ve=vb; de=db;  qsto(g)=qe; vsto=vb;                 // Erben
  end;
```

Die Herangehensweise bei der Konditionierung einer Transformation, inspiriert durch D'Arcy Wentworth Thompson, ist reichlich einfach.

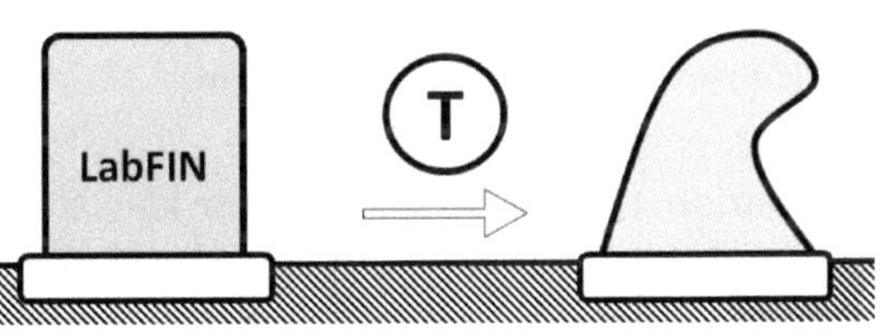

Vergegenwärtigen wir uns hierzu noch einmal die Entwicklungsaufgabe: Gesucht ist eine Transformation für den standardisierten Labortragflügel LabFIN (eher eckig) in eine performante Surfboardfinne (wohlgeformt).

Die Laborfinne ist ein Versuchsträger. Im Vorhaben CARPO werden (Labor-) Surfboardfinnen mit kinematischen Gelenkstrukturen ausgestattet. Diese Gelenkstrukturen sind bislang wenig untersucht, aber wir wissen, dass sie durchaus komplex sein können. Es besteht nun die Aufgabe, die Laborfinne ihre Kontur samt Innenstruktur in eine performante Finne zu transformieren.

Die äußere Form der Finne, ihre Kontur wird nun zunächst als subjektive Scheme wahrgenommen. Der standardisierte Labortragflügel LabFIN ist in seiner ersten Ausformung ein schlank-elliptischer Prisma von eckiger Kontur. Die wohlgeformt performante Surfboardfinne lehnt in ihrer Kontur an ein rezentes Produkt der Firma FUTURES, deren Terminals (Montageflansche) mit denen der LabFIN und der performanten Finne identisch sind. Die performante Finne sei Stand der Technik.

Gesucht ist nun eine Transformationsvorschrift T, welche die Kontur der Finne und ihr inneres Milieu abbildet. Die Transformation soll universell sein, kann schrittweise erfolgen, soll aber strikt und umweglos auf eine Zielkontur führen (proper Transformation).

Hat man erst einmal eine Transformation für die in sukzessiven kausalen Schritten ermittelt, und ihre Koeffizienten bestimmt, soll sie (die Transformation) auf das gesamte Transformationsgebiet angewendet werden können. Transformationen, bei denen Randpunkte wieder in Randpunkte übergehen und benachbarte Konturpunkte in der Verformung ihre Nachbarschaft erhalten, sind toplogisch äquivalent oder homöomorph.

Strecken, Geraden, Kurven und Winkel können sich bei diesem Vorgang

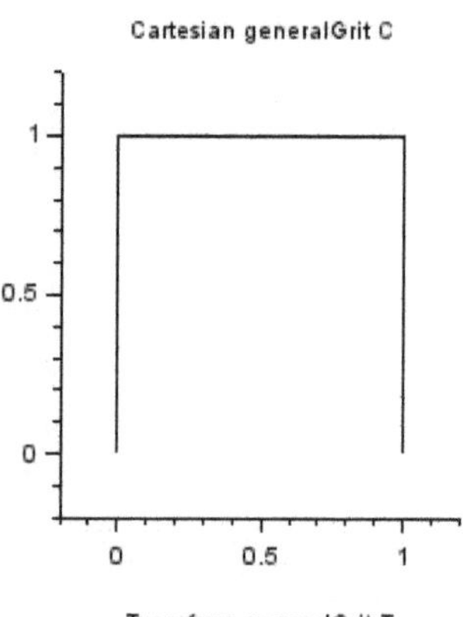

durchaus verändern und die transformierten Strukturen - bei gleichem Erzeugendensystem - sogar extrem von ihrer Ursprungsgestalt abweichen, aber Morphismen - das sagten wir oben – sind (streng) strukturerhaltend. Immer wird es sich bei homöomorphen Transformationen um Verwandlungen handeln, bei denen die Proportionalität geometrische Beziehungen erhalten bleibt. Wenn diese Möglichkeit der Abbildung nicht gegeben ist, existiert auch kein funktionaler Zusammenhang.

Die Determination der Transformation mittels des evolutionären Algorithmus wird über ausgewählte Punkte der Ebene betrieben. Die Suche nach MUTANTEN, also neuen Varianten des ELTER-Systems, ist lokal und kausal. Für unsere Gestaltungsaufgabe ist die Auswahl des Typs des evolutionären Algorithmus durchaus von Bedeutung. Ein Unterschied zwischen Genetischen Algorithmen und Evolutionsstrategien beispielsweise besteht in der Kausalität der Variation. Während bei Genetischen Algorithmen die Variante des Parameters eines ELTER-Systems über die Veränderung seiner binären Interpretation erfolgt, arbeiten Evolutionsstrategien hier streng im Kontinuum. Solange man die Variationsschrittweite nicht vom Erfolg der vorangegangenen Variation abhängig macht, sie also spezifisch vererbt, wie es beispielsweise bei der adaptiven (spezifischen) Schrittweitenregelung erfolgt, sondern diese (die Schrittweite) global in einem engen (kausalen Parameter-) Käfig hegt, sollte ein konsistenter Morphismus über das Transformationsgebiet gewährleistet sein.
Wegen der lokalen Kausalität und die dadurch erzwungene „properTransformation" bleibt das innertopologische Milieu des Transformationsobjekts erhalten. Aber eine unverschlungene, topologisch konsistent-homomorphe (proper) Verzerrungsbahn hat

seinen Preis: No free Lunch[13]! In dem Moment, wo der Strategie eine Adaption der lokalen Schrittweite verwehrt wird, verlieren wir jegliche Chance auf einem „schnellen Marsch über das Qualitätsgelände".

Weil sich die globale Schrittweitenanpassung (naturgemäß) immer an der Stelle des schwächten Fortschritts orientiert, wird aus dem Marsch des evolutionären Fortschritts ein „Tippelgang der Entwicklung" hin zu einem konvergenten Transformationsgitter. Kleinschrittige Adaption erfordert eine hohe Zahl an iterativen Funktionsaufrufen, also sehr viele Generationen und kostet Zeit. 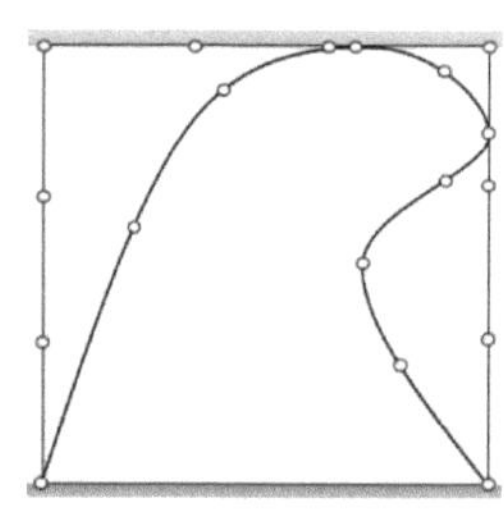

Langsam, sehr langsam ziehen wir die (konsistente, homomorphe) Topologie des Transformationsgebiets auf einer Art „elastischen Teppich" durch die Qualitätslandschaft. Da der Algorithmus selbst sehr schnell ist und für 10^5 Funktionsaufrufe nur wenige Sekunden braucht, spüren wir das in der Praxis aber nicht.

Wir erhoffen uns mit dem Konzept der lokalen Kausalität auf die nachträgliche Entwicklung von Punkten in Untermengen des Transformationsgebietes und damit des inneren Milieus des Transformationsobjektes verzichten zu können. Das für dieses Vorhaben entwickelte Computerprogramm erlaubt ein Monitoring der Gittergestalt über die Konditionierungskampagne (Cartesian general Grit und Transform general Grit).

Die Konditionierung der Transformationsparameter wird bewusst an einer sehr primitiven Kontur sowohl der Motiv-Struktur als auch der Ziel Kontur ausgeführt. Beide Konturen sind in generalisierten Koordinaten beschrieben. Die Konditionierungsstrategie ruft zur

---

[13] Die **No-free-Lunch-Theoreme** (engl., etwa *Nichts ist umsonst*) sind im Wesentlichen zwei Sätze der Informatik, die die Grenzen von Optimierungsalgorithmen bzw. Verfahren des maschinellen Lernens aufzeigen. Sie stellen somit Unmöglichkeitssätze dar. Die Bezeichnung stammt von der englischen Redensart There ain't no such thing as a free lunch. David Wolpert und William G. Macready entdeckten sie 1995. nach https://de.wikipedia.org/wiki/No-free-Lunch-Theoreme

Laufzeit die Transformation TransFormLGS auf. Diese Routine bildet das binominale Gleichungssystem ab.

$$x_t = a_0 + a_1 x + a_2 x^2 + a_3 xy + a_4 y^2$$
$$y_t = b_0 + b_1 y + b_2 y^2 + b_3 yx + b_4 x^2$$

```
function m=TransFormLGS(ND, a0, a1, a2, a3, a4, b0, b1, b2, b3, b4);   // einfaches GS
  vdim = size(ND); dim=vdim(1); NDT=ND;                               // settings
  for i=1:dim x(i)=0.0; y(i)=0.0; end;                                // set und reset
  for i=1:dim                                                         // begin
    x = ND(i,1);  y = ND(i,2);                                        // KooVector auslesen
    xt = a0 + a1*x + a2*x*x + a3*x*y + a4*y*y;                        // Transfom x-Koordinaten
    yt = a0 + b1*y + b2*y*y + b3*y*x + b4*x*x;                        // Transfom y-Koordinaten
    NDT(i,1)= xt;  NDT(i,2)=yt;                                       // KooVector einlesen
  end;                                                                // end
 m=NDT;                                                               // Vector Übergabe
endfunction;                                                          // function beenden
```

Die zehn Koeffizienten [a_0, a_1, a_2 , a_3, a_4, b_0 ,b_1 , b_2, b_3, b_4] sind die Parameter einer konditionierten Transformation, ermittelt mit einem evolutionären Algorithmus zu lokalen Suche (Evolutionsstrategie). Für das oben dargestellte subjektive Zielsystem in generalisierten Koordinaten führt der Algorithmus nach etwa 100 Generationen mit 10 Mutanten und globaler Schrittweitensteuerung die Koeffizienten einer Transformations-vorschrift binominalen Charakters, wie folgt:

a0	0.113927	b0	0.147645
a1	1.030736	b1	0.884843
a2	-0.161492	b2	0.031150
a3	-0.798612	b3	-0.400797
a4	0.715442	b4	-0.012840

Die derart konditionierte Transformation kann nun auf beliebige Motive (Transformationsobjekte) angewandt werden. Die Computergraphik (unten) zeigt die Anwendung der Transformation auf ein (generalisiert) kartesisches Gitter.

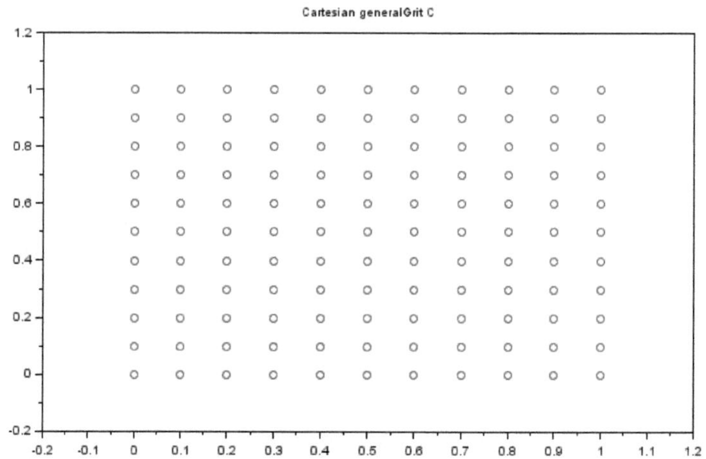

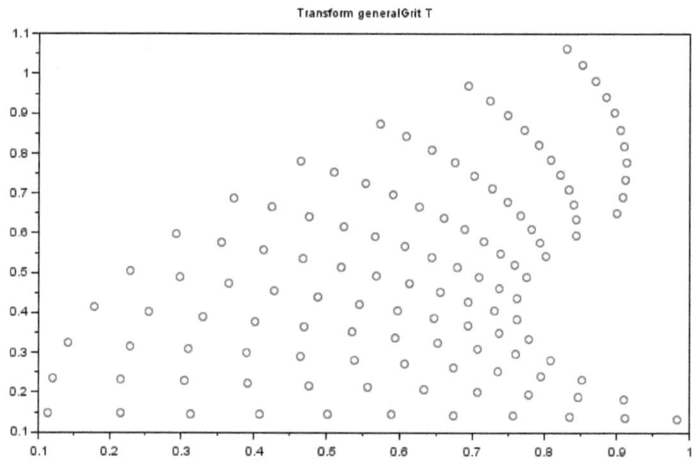

Zusammenfassung

Das in diesem Aufsatz dargestellte Verfahren verwendet eine auf „Anmutungen" basierte Methode um eine Transformationsvorschrift für zweidimensionale Muster zu determinieren. Nachdem ein Transformationskalkül, das von seinem Charakter nicht linear sein muss vereinbart wurde, klärt ein lokaler Suchalgorithmus nach dem Vorbild der biologischen Evolution die Frage nach den die Transformationsvorschrift determinierenden Koeffizienten eines Gleichungssystems zweiten Grades. Dieser als Konditionierung bezeichnete iterative Prozess arbeitet auf einem vom Anwender subjektiv vereinbartem Muster, das aus einem (sehr einfach skizziertem) Motiv, dem Startmuster und einem ebenso nur durch sehr wenige Konstruktionspunkte gegebenen Zielmuster repräsentiert wird. Der Algorithmus „erkennt" die charakteristische Aufgabe der Überführung der Motivkontur in eine andere Kontur (subjektive Zielkontur) und löst damit die Transformationsaufgabe für die gesamte Ebene ohne Information über die topologischen Details im Inneren dieser Strukturen.

Durch Steuerungsparameter des Algorithmus bleibt die Abbildung über die gesamte Konditionierungskampagne hinweg homomorph. Sind die Koeffizienten der Transformationsvorschrift erst einmal ermittelt, kann die (nunmehr homomorphe) Transformation auf beliebig komplexe Strukturen angewendet werden. Die Methode der Koordinatentransformation auf subjektive Zielkonturen ist inspiriert durch die Arbeiten des D'Arcy Wentworth Thompson. Ach, und, übrigens..

„I'll have what D'Arcy's having".

Berlin, im Mai 2018

Bibliographie und weiterführende Literatur

[Curb01]   Manfred Curbach, Harald Michler, Holger Flederer, Dirk
           Proske_Anwendung von Quasi-Zufallszahlen bei der
           Simulation unter ANSYS
           19th CAD-FEM Users' Meeting 2001 October 17-19, 2001
           International Congress on FEM Technology. Berlin,
           Potsdam.

[Die-10]   Dienst, M., (2010) Optimierungsstrategie mit
           Signaltransduktion; Adaptionsexperimente. In
           Forschungsbericht 2010 der BHT Berlin, S. 157-161.
           Publikationen der Beuth Hochschule für Technik Berlin.

[Die09-6] Dienst, Mi.(2009) Fortschrittsspektren in lokalen
           Suchalgorithmen. GRIN-Verlag GmbH München.
           ISBN: 978-3-640-48784-4.

[Die09-3] Dienst, Mi.(2009) Artifizielle Evolution Heute. Optimieren
           nach dem Vorbild der Natur. GRIN-Verlag GmbH
           München. ISBN: 978-3-640-39858-4. ISBN (E-Book): 978-3-
           640-39834-8

[Die09-1] Dienst, M., (2008) Musterverarbeitung in
           Optimierungsstrategien nach dem Vorbild der
           biologischen Signaltransduktion. In Forschungsbericht
           2008/2009 der BHT Berlin, S. 160-163. Publikationen der
           Beuth Hochschule für Technik Berlin. ISBN 978-3-938576-
           20-5.

[Die-07]   Dienst, M., (2007) Genesetransformation. Adaption der
           Transformations-charakteristiken. In Forschungsberichte
           2007 der TFH Berlin, S. 166-171. Publikationen der
           Technischen Fachhochschule Berlin.

[Die-06]   Dienst, M., (2006) Eine Optimierungsumgebung für
           Genesetransformationen. In Forschungsberichte 2006 der

TFH Berlin, S. 115-117. Publikationen der Technischen Fachhochschule Berlin.

[Die-05] Dienst, M., (2005) Genesetransformation. Ein Algorithmus zur Synthese von Signalen nach dem Vorbild der biologischen Musterbildung. In Forschungsberichte 2005 der TFH Berlin, S. 190–193. Publikationen der Technischen Fachhochschule Berlin.

[Han-98] Hansen, N. (1998) Verallgemeinerte individuelle Schrittweitenregelung in der Evolutionsstrategie. Dissertation, Technische Universität Berlin 1998.

[Her-00] Herdy, Michael, (2000) Beiträge zur Theorie und Anwendung der Evolutionsstrategie. Mensch und Buch Verlag, Berlin.

[Her-05] Herdy, Michael, (2005) Anwendung der Evolutionsstrategie in der Industrie. In Evolution zwischen Chaos und Ordnung. S. 123 – 138. Freie Akademie Verlag, Bernau.

[Kah91] Kahlert, J. (1991) Vektorielle Optimierung mit Evolutionsstrategien und Anwendungen in der Regelungstechnik. VDI Verlag, Reihe 8 Nr. 234.

[Kos-03] Kost, Bernd, (2003) Optimierung mit Evolutionsstrategien. Harri Deutsch Verlag, Frankfurt a. M.

[Kre-08-1] B. Krebber, H.-D. Kleinschrodt und K. Hochkirch: (2008) Fluid-Struktur-Simulation zur Untersuchung intelligenter Mechanik von Fischflossen. ANSYS Conference & 26. CADFEM Users´ Meeting, ISBN-3-937523-06-5

[Kre-08-2] B. Krebber und H.-D. Kleinschrodt: i-mech: (2008) Untersuchung der intelligenten Mechanik von Fischflossen mit Hilfe von FSI-Simulation. In Forschungsassistenz IV der Technischen Fachhochschule Berlin, Hrsg.: R. Thümer und G. Görlitz, Oktober 2008, S.94-97, ISBN 978-3-938576-11-3

[Mef-04]   Meffert, B., Hochmut, O. (2004) Werkzeuge der Signalverarbeitung. Pearson-Studium, München.

[Ost-97]   Ostermeier, A. (1997) Schrittweitenadaptation in der Evolutionsstrategie mit einem entstochastisierten Ansatz. Diss. Technische Universität Berlin 1997.

[Rec-94]   Rechenberg, Ingo, (1994) Evolutionsstrategie. Frommann Holzboog Verlag Stuttgart- Bad Cannstatt.

[Sche-85] Scheel, Armin (1985) Beitrag zur Theorie der Evolutionsstrategie. Dissertation, TU Berlin.

[Schw-95] Schwefel, H.–P. (1995) Evolution and Optimum Seeking. John Wiley & Sons. New York.